会计电算化实训

主　编　刘伟丽　李　萍

副主编　王彦华　李亚琳　张　艳

　　　　李　苒　张好刚　李小香

参　编　尚艳钦　乔则燕

北京理工大学出版社
BEIJING INSTITUTE OF TECHNOLOGY PRESS

图书在版编目（CIP）数据

会计电算化实训/刘伟丽，李萍主编.—北京：北京理工大学出版社，2021.9重印
ISBN 978-7-5682-4582-1

Ⅰ.①会…　Ⅱ.①刘…　②李…　Ⅲ.①会计电算化－教学参考资料　Ⅳ.①F232

中国版本图书馆CIP数据核字（2017）第195261号

出版发行 / 北京理工大学出版社有限责任公司
社　　　址 / 北京市海淀区中关村南大街5号
邮　　　编 / 100081
电　　　话 / （010）68914775　（总编室）
　　　　　　（010）82562903　（教材售后服务热线）
　　　　　　（010）68944723　（其他图书服务热线）
网　　　址 / http：//www.bitpress.com.cn
经　　　销 / 全国各地新华书店
印　　　刷 / 定州市新华印刷有限公司
开　　　本 / 787毫米×1092毫米　1/16
印　　　张 / 4.75
字　　　数 / 96千字
版　　　次 / 2021年9月第1版第2次印刷
定　　　价 / 16.00元

责任编辑 / 王晓莉
文案编辑 / 王晓莉
责任校对 / 周瑞红
责任印制 / 边心超

前 言
PREFACE

　　本书以《企业会计准则》为理论依据，以财政部、国家税务总局下发的，自2016年5月1日起在全国范围内实行的《关于全面推开营业税改征增值税试点的通知》以及2016年12月财政部印发的《增值税会计处理规定》等财税政策为基础，体现工作导向的理实一体化。

　　采用"案例引导、学习任务驱动"的编写方式，以实用为目的，根据中等职业教育"理论够用，重在实践"的教学特点，注重对学生专业技能、动手能力的培养。以项目为教学单元，对知识点进行了细致的取舍和编排，融通俗性、实用性和技巧性于一体。全书共分两册，上册由七个项目组成，每个项目由若干个学习任务组成。下册为综合实训部分。其中综合实训一可以供阶段性练习使用。在综合实训二部分，作者所讲内容模拟了企业实际典型工作任务，使经济业务以原始凭证的形式呈现，这不仅能够提高学生财务软件的基本操作技能，还能够使学生的综合业务处理能力得到提升。

　　本书既可以作为会计及相关专业学生的教材，也可以作为从事会计工作、税务工作、审计工作及相关经济管理工作人员的财务软件培训教材和业务学习资料。

　　刘伟丽设计了全书的整体框架和各项目目录，负责全书的统稿、修改和定稿。具体分工如下：综合实训一由李亚琳编写，综合实训二由刘伟丽、李萍、王彦华、尚艳钦、魏晓玲等编写，李苒负责全书的修改和审核。

在多位老师的支持下，经过半年多的努力，终于完稿。由于财税政策变化较大，编者理解政策有限，加之时间仓促，不当之处，敬请大家批评指正。

编　者

目 录
CONTENTS

综合实训一

综合实训二

综合实训一

任务1　系统管理

▣ 任务目标

1. 掌握用友畅捷通T3财务软件系统管理和账套管理的内容。
2. 理解计算机会计信息系统中企业账的存在形式。
3. 掌握计算机会计信息系统中企业账的建立过程。
4. 明确系统操作员和账套主管的权限范围。

◉ 任务内容

1. 注册系统管理员。
2. 设置操作员。
3. 建立企业账套。
4. 进行系统启用。
5. 进行财务分工。
6. 备份/恢复账套数据。
7. 修改账套参数。

📊 任务要求

以系统管理员（admin）的身份进行企业建账、财务分工、备份和恢复数据，启用总账系统。

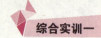 任务情境

1. 建立账套

（1）账套信息。

账套号：由任课教师指定。

账套名称：北京天宇科技有限公司（简称天宇科技）。

账套路径：C：\UFSMART\admin。

启用日期：2021年1月。

（2）单位信息。

单位名称	天宇科技有限公司
单位简称	天宇科技
单位地址	北京市海淀区中关村信息产业基地科苑路××号
法人代表	李振
联系电话及传真	612345678
邮政编码	100032
电子邮箱	tianyu@126.com
企业纳税登记号	100103772538891

（3）核算类型。

本位币代码：RMB；本位币名称：人民币。

企业类型：工业。

行业性质：2007新企业会计准则。

账套主管：刘明。

按行业性质预置会计科目。

（4）基础信息。

存货是否分类	否
客户是否分类	是
供应商是否分类	否
有无外币核算	是

（5）业务流程。

采用标准流程。

（6）分类编码方案。

科目编码级次4222。

客户分类编码级次122。

部门编码级次122。

结算方式编码级次12。

其他：默认。

（7）数据精度。

核算时数量精确到两位小数。

（8）系统启用。

企业暂时启用总账系统，启用日期为2021年1月1日。

2. 设置操作员权限

编号	姓名	权限
01	刘明	账套主管
02	王杰	公用目录设置；总账中除了"审核凭证""恢复记账前状态"和"出纳签字"以外所有权限；固定资产和工资管理
03	李强	采购管理、销售管理、库存管理、核算
04	张峰	出纳签字、现金管理

注：为操作简便起见，只设"刘明"口令为1，其他操作员口令为空

3. 备份及恢复账套数据

略。

任务结果

备份账套，保存到指定文件夹中。

任务2 基础设置

任务目标

1. 理解设置基础档案的意义和作用。
2. 掌握基础档案的录入方法。

任务内容

基础档案设置。

任务准备

恢复"任务1"账套数据。

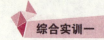 综合实训一

任务要求

以"01刘明"的身份登录系统，进行基础档案设置。

任务情境

1. 部门信息

部门编码	部门名称	负责人
1	企管办	李振
2	财务部	刘明
3	采购部	孙阳
4	销售部	—
401	销售一部	赵玉
402	销售二部	江涛
5	生产部	王娟

2. 职员信息

职员编号	职员姓名	所属部门	职员属性	职员编号	职员姓名	所属部门	职员属性
101	李振	企管办	总经理	301	孙阳	采购部	部门经理
201	刘明	财务部	部门经理	401	赵玉	销售一部	部门经理
202	王杰	财务部	会计	402	江涛	销售二部	部门经理
203	李强	财务部	会计	501	王娟	生产部	仓库主管
204	张峰	财务部	出纳	502	李伟	生产部	生产工人

3. 地区分类

地区分类编码	地区分类名称	地区分类编码	地区分类名称
01	北方地区	03	中南地区
02	华东地区	04	西部地区

4. 客户分类

客户分类编码	客户分类名称
1	批发商
2	代理商
3	零散客户

5．客户档案

客户编号	客户名称	客户简称	所属分类码	所属地区码	税号	开户银行	账号	分管部门	专营业务员
001	北方软件学院	北方软件	1	01	4510217139101112	工行石家庄分行	11015892758	销售一部	赵玉
002	迅达公司	迅达	3	04	1039101121714512	工行兰州分行	22100032341	销售二部	江涛
0033	北京海淀图书城	海淀图书城	2	01	1212345242342113	工行北京分行	10210499852	销售二部	江涛

6．供应商分类

本企业只有几个主要供应商，长期稳定，不需要分类管理。

7．供应商档案

供应商编号	供应商名称	供应商简称	所属分类码	所属地区码	税号	开户银行	账号	分管部门	分管业务员
001	开创股份公司	开创	0	01	110875341085345	工行北京分行	43910582222	采购部	孙阳
002	中脉有限公司	中脉	0	01	110711228435433	工行北京分行	43828943333	采购部	孙阳

8．外币设置

本企业采用固定汇率核算外币，外币只涉及美元一种。美元币符假定为USD，2021年1月初汇率为6.28。

9．会计科目

本企业常用会计科目及期初余额如下：

科目	辅助核算	方向	币别/计量	期初余额/元	备注
库存现金（1001）	日记账	借		16 700.00	修改
银行存款（1002）	银行账、日记账	借		1 250 000.00	修改
人民币户（100201）	银行账、日记账	借		1 250 000.00	新增
美元户（100202）	银行账、日记账	借	美元		新增
应收票据（1121）	客户往来	借		20 000.00	修改
应收账款（1122）	客户往来	借		227 602.86	修改
其他应收款（1221）		借		4 500.00	
备用金（122101）	部门核算	借			新增
应收个人款（122102）	个人往来	借		4 500.00	新增
坏账准备（1231）		贷		10 000.00	
预付账款（1123）	供应商往来	借		1 642.00	修改
材料采购（1401）		借			
原材料（1403）		借		12 500.00	
A材料（140301）	数量核算	借		4 200.00	新增
			个	2 000.00	
B材料（140302）	数量核算	借		7 300.00	新增

续表

科目	辅助核算	方向	币别/计量	期初余额/元	备注
			件	400.00	
C材料（140303）	数量核算	借		1 000.00	
			公斤	50.00	新增
库存商品（1405）				26 878.00	
甲产品（140501）	数量核算	借		10 550.00	新增
			台	50.00	
乙产品（140502）	数量核算	借		7 790.00	新增
			台	90.00	
丙产品（140503）	数量核算	借		8 538.00	新增
			台	200.00	
委托加工物资（1408）		借			
固定资产（1601）		借		250 000.00	
累计折旧（1602）		贷		36 260.60	
短期借款（2001）		贷		220 000.00	
应付票据（2201）	供应商往来	贷		10 000.00	修改
应付账款（2202）	供应商往来	贷		356 950.00	修改
预收账款（2203）	客户往来	贷			修改
应付职工薪酬（2211）		贷		9 134.26	
工资（221101）		贷			新增
职工福利（221102）		贷		9 134.26	新增
职工教育经费（221103）		贷			新增
工会经费（221104）		贷			新增
应交税费（2221）		贷			
应交增值税（222101）		贷			新增
进项税额（22210101）		贷			新增
销项税额（22210105）		贷			新增
未交增值税（222105）		贷		−16 000.00	
应付利息（2231）		贷			
借款利息（223101）		贷			新增
实收资本（4001）		贷		1 340 600.00	
本年利润（4103）		贷			
利润分配（4104）		贷		−140 022.00	
未分配利润（410401）		贷		−140 022.00	新增
生产成本（5001）	项目核算	借		17 100.00	修改

续表

科目	辅助核算	方向	币别/计量	期初余额/元	备注
直接材料（500101）	项目核算	借		10 000.00	新增
直接人工（500102）	项目核算	借		4 000.00	新增
制造费用（500103）	项目核算	借		2 000.00	新增
其他（500104）	项目核算	借		1 100.00	新增
生产成本转出（500105）	项目核算	借			新增
制造费用（5101）		借			
工资（510101）		借			新增
折旧费（510102）		借			新增
其他（510103）		借			新增
主营业务收入（6001）		贷			
甲产品（600101）	数量核算	贷	台		复制
乙产品（600102）	数量核算	贷	台		复制
丙产品（600103）	数量核算	贷	台		复制
其他业务收入（6051）		贷			
主营业务成本（6401）		借			
甲产品（640101）	数量核算	借	台		复制
乙产品（640102）	数量核算	借	台		复制
丙产品（640103）	数量核算	借	台		复制
税金及附加（6403）		借			
其他业务成本（6402）		借			
销售费用（6601）		借			
工资（660101）		借			复制
办公费（660102）		借			复制
差旅费（660103）		借			复制
招待费（660104）		借			复制
折旧费（660105）		借			复制
管理费用（6602）		借			
工资（660201）	部门核算	借			新增
办公费（660202）	部门核算	借			新增
差旅费（660203）	部门核算	借			新增
招待费（660204）	部门核算	借			新增
折旧费（660205）	部门核算	借			新增
其他（660206）	部门核算	借			新增
财务费用（6603）		借			

续表

科目	辅助核算	方向	币别/计量	期初余额/元	备注
利息支出（660301）		借			新增
手续费（660302）		借			新增

利用增加、修改、成批复制等功能完成对会计科目的编辑。

10. 指定会计科目

将"库存现金"科目指定为现金总账科目。

将"银行存款"科目指定为银行总账科目。

11. 凭证类别设置

凭证分类	限制类型	限制科目
收款凭证	借方必有	1001，100201，100202
付款凭证	贷方必有	1001，100201，100202
转账凭证	凭证必无	1001，100201，100202

12. 项目核算设置

①项目大类定义。

项目大类名称	产品核算
项目级次	1

②核算科目定义。

项目大类名称	产品核算
核算科目	5001生产成本 500101直接材料 500102直接人工 500103制造费用 500104其他 500105生产成本转出

③项目分类定义。

分类编码	1
分类名称	产成品

④项目目录定义。

项目编号	项目名称	是否结算	所属分类
01	甲产品	否	1
02	乙产品	否	1
03	丙产品	否	1

13. 结算方式

结算方式编码	结算方式名称	票据管理
1	现金结算	否
2	支票结算	否
201	现金支票	是
202	转账支票	是
3	银行汇票	否
4	商业汇票	否
401	商业承兑汇票	否
402	银行承兑汇票	否
5	委托收款	否
6	托收承付	否
7	汇兑	否
8	其他	否

14. 付款条件

编码	信用天数	优惠天数1	优惠率1	优惠天数2	优惠率2	优惠天数3	优惠率3
01	30	5	2	—	—	—	—
02	60	5	4	15	2	30	1
03	90	5	4	20	2	45	1

15. 开户银行

编码：01；名称：工商银行中关村分理处；账号：8316587872。

📋 任务结果

备份账套，保存到指定文件夹中。

任务3　设置系统参数与输入期初余额

📋 任务目的

1. 掌握用友T3财务软件中总账管理系统初始设置的相关内容。

2. 理解总账系统初始设置的意义。

3. 熟练掌握总账管理系统初始设置的具体操作方法。

🔲 任务内容

1. 设置总账系统参数。
2. 设置总账系统的基础信息。
3. 录入期初余额。

⚙ 任务准备

恢复"任务2"账套数据。

📖 任务要求

以"01刘明"的身份进行初始设置。

🖥 任务情境

1. 总账控制参数

选项卡	控制对象	参数设置
凭证	制单控制	制单序时控制 支票控制 资金及往来赤字控制 允许修改、作废他人填制的凭证 可以使用其他系统受控科目
	凭证控制	打印凭证页脚姓名 出纳凭证必须经由出纳签字
	凭证编号方式	凭证编号方式采用系统编号
	外币核算	外币核算采用固定汇率
	预算控制	进行预算控制
账簿	打印位数宽度	账簿打印位数每页打印行数按软件的标准设定
	明细账打印方式	明细账打印按年排页
会计日历		会计日历为1月1日至12月31日
其他	排序方式	部门、个人、项目按编码方式排序

2. 期初余额

（1）总账期初余额（见任务2会计科目表）。

（2）辅助账期初余额表。

会计科目：其他应收款——应收个人款（122102）　　　　　　　　　　余额：借4 500.00元

日期	凭证号	部门	个人	摘要	方向	期初余额/元
2020—12—26	付-118	企管办	李振	出差借款	借	2 400.00
2020—12—27	付-156	销售一部	赵玉	出差借款	借	2 100.00

会计科目：应收账款（1122）　　　　　　　　　　余额：借227 602.86元

日期	凭证号	客户	摘要	方向	金额/元	业务员	票号	票据日期
2020—10—25	转-118	北方软件学院	期初	借	88 602.86	赵玉	P111	2020—10—25
2020—11—10	转-15	海淀图书城	期初	借	139 000.00	江涛	Z111	2020—11—10

会计科目：应付账款（2202）　　　　　　　　　　余额：贷356 950.00元

日期	凭证号	供应商	摘要	方向	金额/元	业务员	票号	票据日期
2020—10—20	转-45	中脉	购买原材料	贷	356 950.00	孙阳	Z001	2020—10—20

会计科目：生产成本（5001）　　　　　　　　　　余额：借17 100.00元

科目名称	甲产品/元	乙产品/元	合计/元
直接材料（500101）	4 000.00	6 000.00	10 000.00
直接人工（500102）	1 500.00	2 500.00	4 000.00
制造费用（500103）	800.00	1 200.00	2 000.00
其他（500104）	500.00	600.00	1 100.00
合计	6 800.00	10 300.00	17 100.00

会计科目：预付账款（1123）　　　　　　　　　　余额：借1 642.00元

日期	凭证号	供应商	摘要	方向	金额/元	业务员	票号	票据日期
2020—10—20	付-3	开创	购买原材料	借	1 642.00	孙阳	×002	2020—10—20

会计科目：应收票据（1121）　　　　　　　　　　余额：借20 000.00元

日期	凭证号	客户	摘要	方向	金额/元	业务员	票号	票据日期
2020—10—20	转-3	迅达	销售	借	20 000.00	赵玉	P003	2020—10—20

会计科目：应付票据（2201）　　　　　　　　　　余额：贷10 000.00元

日期	凭证号	客户	摘要	方向	金额/元	业务员	票号	票据日期
2020—12—20	转-5	中脉	采购	贷	10 000.00	孙阳	P007	2020—12—20

任务结果

备份账套，保存到指定文件夹中。

任务4 总账系统日常业务处理

任务目的

1. 学习并掌握总账系统日常业务处理的相关内容。
2. 熟练掌握总账系统中凭证管理的具体操作方法。

任务内容

凭证管理：定义常用摘要、填制凭证、修改凭证、出纳签字、审核凭证、凭证记账的操作方法。

任务准备

恢复"任务3"账套数据。

任务要求

1. 以"02王杰"的身份填制凭证，查询凭证。
2. 以"04张峰"的身份进行出纳签字。

任务情境

1. 定义常用摘要"提取现金"
2. 填制凭证

北京天宇科技有限公司2021年1月发生的经济业务如下：

（1）1日，财务部张峰签发现金支票（票号X006）从工行提取现金15 000元备用。（附原始凭证一张）

借：库存现金（1001）　　　　　　　　　　　　　　　　　　　　15 000
　　贷：银行存款/人民币户（100201）　　　　　　　　　　　　　　15 000

（2）3日，销售一部赵玉报销业务招待费2 500元，以现金支付。（附原始凭证一张）

借：销售费用/招待费（660104）　　　　　　　　　　　　　　　　2 500
　　贷：库存现金（1001）　　　　　　　　　　　　　　　　　　　　2 500

（3）4日，收到外资企业威尔集团投资资金100 000美元，汇率1∶6.28。（转账支票Z601）（附原始凭证2张）

借：银行存款/美元户（100202）　　　　　　　　　　　　　628 000

　　贷：实收资本（4001）　　　　　　　　　　　　　　　　　628 000

（4）5日，采购部孙阳采购B材料2 000件，每件15元，增值税3 900元，材料直接入库，货款以银行存款支付。（转账支票Z001）（附原始凭证2张）

借：原材料/B材料（140302）　　　　　　　　　　　　　　30 000

　　应交税费/应交增值税（进项税额）（22210101）　　　　3 900

　　贷：银行存款/人民币户（100201）　　　　　　　　　　　33 900

（5）6日，销售一部赵玉收到北方软件学院转来一张转账支票（Z002），金额20 000元，用以偿还前欠货款。（附原始凭证2张）

借：银行存款/人民币户（100201）　　　　　　　　　　　　20 000

　　贷：应收账款（1122）　　　　　　　　　　　　　　　　　20 000

（6）7日，采购部孙阳从中脉购入甲产品100台，单价220元，货税款暂欠，已验收入库。（适用税率13%）（附原始凭证2张）

借：库存商品/甲产品（140501）　　　　　　　　　　　　　22 000

　　应交税费/应交增值税（进项税额）（22210101）　　　　2 860

　　贷：应付账款（2202）　　　　　　　　　　　　　　　　　24 860

（7）8日，企管办购办公用品1 700元，付现金。（附原始凭证2张）

借：管理费用/办公费（660202）　　　　　　　　　　　　　1 700

　　贷：库存现金（1001）　　　　　　　　　　　　　　　　　1 700

（8）9日，企管办李振出差归来，报销差旅费2 000元，交回现金200元。（附原始凭证2张）

借：管理费用/差旅费（660203）　　　　　　　　　　　　　1 800

　　库存现金（1001）　　　　　　　　　　　　　　　　　　200

　　贷：其他应收款/应收个人款（122102）　　　　　　　　　2 000

（9）10日，生产部领用A材料500个，单价2元，用于生产乙产品。（附原始凭证2张）

借：生产成本/直接材料（500101）　　　　　　　　　　　　1 000

　　贷：原材料/A材料（140301）　　　　　　　　　　　　　1 000

（10）11日，财务部张峰以转账支票（Z003）支付欠中脉的货款10万元。（附原始凭证2张）

借：应付账款（2202）　　　　　　　　　　　　　　　　　100 000

　　贷：银行存款/人民币户（100201）　　　　　　　　　　　100 000

（11）12日，销售给批发商卓越公司（客户编号：004；客户名称：河北卓越有限责任公司；简称：卓越公司，税号：0234522567896；开户银行：农业银行花园路支行，账号：89696201655；分管部门：销售一部；专营业务员：赵玉）甲产品10台，单价500元，款未收。（附原始凭证3张）

借：应收账款（1122） 5 650
 贷：主营业务收入（甲产品）（600101） 5 000
  应交税费/应交增值税（销项税额）（22210105） 650

（12）13日，向新源公司（供应商编号：003；供应商名称：河南新源有限责任公司；简称：新源公司，税号：0234335567526；开户银行：农业银行建设路支行，账号：89363025536；分管部门：采购部；分管业务员：孙阳）采购C材料100千克，单价20元，增值税260元，款未付。（附原始凭证3张）

借：原材料/C材料（140303） 2 000
 应交税费/应交增值税（进项税额）（22210101） 260
 贷：应付账款（2202） 2 260

（13）14日，发出上述C材料100千克给兴达加工厂，委托发达加工厂加工A材料。（附原始凭证2张）

借：委托加工物资（1408） 2 000
 贷：原材料/C材料（140303） 2 000

（14）15日，为付新源公司采购C材料款，向其签发面额2 000元的不带息商业汇票并承兑。（附原始凭证2张）

借：应付账款（2202） 2 000
 贷：应付票据（2201） 2 000

（15）16日，支付兴达加工厂加工A材料的加工费6 000元，增值税780元，采购部孙阳以转账支票（Z004）支付。（附原始凭证2张）

借：委托加工物资（1408） 6 000
 应交税费/应交增值税（进项税额）（22210101） 780
 贷：银行存款/人民币户（100201） 6 780

（16）17日，委托兴达加工厂加工的A材料收回，数量800个验收入库。（附原始凭证2张）

借：原材料/A材料（140301） 1 600
 贷：委托加工物资（1408） 1 600

（17）18日，把收到迅达公司的商业承兑汇票（SP001）到银行贴现，付给银行利息100元。（附原始凭证2张）

借：银行存款/人民币户（100201） 9 900

财务费用/利息支出（660301）　　　　　　　　　　　　　　100

　　贷：应收票据（1121）　　　　　　　　　　　　　　　10 000

（18）19日，向银行申请开出银行汇票一张（YP001），金额22 900元。（附原始凭证2张）

借：其他货币资金（1012）　　　　　　　　　　　　　22 900

　　贷：银行存款/人民币户（100201）　　　　　　　　22 900

（19）20日，企业持银行汇票22 900元从长丰工厂购入B材料1 000件，货款20 000元，增值税额2 600元，另支付运费300元，符合运费抵扣税金的条件，税率9%，材料验收入库。（附原始凭证2张）

借：原材料/B材料（140302）　　　　　　　　　　　　20 273

　　应交税费/应交增值税（进项税额）（22210101）　　　2 627

　　贷：其他货币资金（1012）　　　　　　　　　　　　22 900

（20）20日，向国泰公司销售乙产品15台，单价200元，增值税390元，收到转账支票（Z005）存入银行。（附原始凭证2张）

借：银行存款/人民币户（100201）　　　　　　　　　　3 390

　　贷：主营业务收入/乙产品（600102）　　　　　　　　3 000

　　　　应交税费/应交增值税（销项税额）（22210105）　　　390

（21）22日，企业自行研究开发一项专利技术，研究过程中的资本化支出20 000元，费用化支出10 000元，企管办李振均以转账支票（Z006）存款支付。（增设资本化支出和费用化支出明细科目）

借：研发支出/资本化支出（530101）　　　　　　　　20 000

　　研发支出/费用化支出（530102）　　　　　　　　　10 000

　　贷：银行存款/人民币户（100201）　　　　　　　　30 000

（22）23日，将生产用A材料发出用于生产甲产品和车间与企管办一般耗用：甲产品生产用，1 000个，单价2元，计2 000元；车间一般耗用，100个，单价2元，计200元；企管办耗用，50个，单价2元，计100元。（附原始凭证2张）

借：生产成本/直接材料（500101）　　　　　　　　　　2 000

　　制造费用/其他（510103）　　　　　　　　　　　　　200

　　管理费用/其他（660206）　　　　　　　　　　　　　100

　　贷：原材料/A材料（140301）　　　　　　　　　　　2 300

（23）24日，企业以库存现金支付税款滞纳金1 000元。（附原始凭证1张）

借：营业外支出（6711）　　　　　　　　　　　　　　1 000

　　贷：库存现金（1001）　　　　　　　　　　　　　　1 000

（24）25日，企业销售给众城公司甲产品20台件，单价500元，货款10 000元，增值税

1 300元，已收款存银行。（转账支票SZ002）

借：银行存款/人民币户（100201）		11 300
贷：主营业务收入/甲产品（600101）		10 000
应交税费/应交增值税（销项税额）（22210105）		1 300

（25）26日，接受外单位捐赠30 000元存入银行。（NO.SZ003）

借：银行存款/人民币户（100201）		30 000
贷：营业外收入（6301）		30 000

（26）27日，专利研究成功，申请专利，结转研发支出。

借：无形资产（1701）		20 000
管理费用/其他（660206）		10 000
贷：研发支出/资本化支出（530101）		20 000
研发支出/费用化支出（530102）		10 000

（27）27日，结转本期完工产品成本，甲产品完工成本8 000元，数量40台。

借：库存商品/甲产品（140501）		320 000
贷：生产成本/生产成本转出（500105）		320 000

3. 修改凭证

（1）经查，8日企管办购办公用品170元，误录为1 700元。

（2）经查，7日采购部是从供应商"开创"购入的甲产品100台。

4. 删除凭证

经查，3日赵玉报销的业务招待费属个人消费行为，不允许报销，删除相关凭证，现金已追缴，业务上不再反映。

5. 出纳签字

由出纳"04张峰"对所有涉及库存现金和银行科目的凭证签字。

6. 审核凭证

由账套主管"01刘明"对凭证进行审核。

7. 记账

由账套主管"01刘明"对凭证进行记账。测试系统提供的取消记账功能，然后重新记账。

8. 查询凭证

查询现金支出在150元以上的凭证。

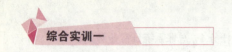 任务结果

备份账套，保存到指定文件夹中。

任务5 出纳管理

任务目的

掌握出纳管理的各项操作。

任务内容

进行银行对账。

任务准备

恢复"任务4"账套数据。

任务要求

以"张峰"的身份进行银行对账操作。

任务情境

1. 银行对账

（1）银行对账期初。天宇科技银行账的启用日期为2021.1.01，工行人民币户企业日记账调整前余额为1 250 000元，银行对账单调整前余额为1 242 772元，未达账项一笔，是银行已付企业未付款7 228元。

（2）银行对账单。

日期	结算方式	票号	借方金额/元	贷方金额/元
2021.1.03	201	X001		15 000
2021.1.04	202	X003		6 000
2021.1.05	202	Z001		33 900
2021.1.06	202	Z002	20 000	
2021.1.11	202	Z003		100 000
2021.1.16	202	Z004		6 780
2021.1.18	4	SP001	9 900	
2021.1.19	3	YP001		22 900
2021.1.21	202	SZ001	3 390	
2021.1.22	202	Z005		30 000
2021.1.26	202	SZ002	11 300	

任务结果

备份账套，保存到指定文件夹中。

任务6 账簿管理

任务目的

掌握账簿管理的具体内容和操作方法。

任务内容

1. 账簿管理：总账、科目明细账、明细账、辅助账的查询方法。
2. 现金管理：库存现金、银行存款日记账和资金日报表的查询。
3. 往来管理：往来账查询。
4. 项目管理：项目账查询。

任务准备

恢复"任务5"账套数据。

任务要求

1. 以"01刘明"的身份进行账簿查询。
2. 以"04张峰"的身份进行现金管理。

任务内容

1. 账簿查询

（1）查询2021.01余额表。

（2）查询"库存商品——甲产品"数量金额明细账。

（3）定义"生产成本"多栏账，栏次为自动编制，查询"直接材料""直接人工"借方发生额。

（4）查询2021.01部门收支分析表。

（5）查询企管办李振个人往来清理情况。

（6）查询供应商"开创"明细账。

（7）进行客户往来账龄分析。

（8）查询"乙产品"项目明细账。

（9）进行项目统计分析。

2．现金管理

（1）查询库存现金日记账。

（2）查询资金日报。

（3）支票登记簿：20日，采购部孙阳借转账支票一张采购A材料，票号Z155，预计金额3 000元。

📊 任务结果

备份账套，保存到指定文件夹中。

任务7　月末处理

⚙ 任务目的

掌握用友T3财务软件中总账系统月末处理的相关内容，熟悉总账系统月末处理业务的各种操作，掌握自动转账设置与生成、对账和月末结账的操作方法。

💡 任务内容

1．自动转账。

2．对账。

3．结账。

⚙ 任务准备

恢复"任务6"的账套。

📊 任务要求

1．以"01王杰"的身份进行自动转账操作。

2．以"02刘明"的身份进行审核、记账、对账、结账操作。

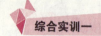

任务情境

1. 自动转账定义

（1）自定义结转。

计提短期借款利息（年利率8%）。

借：财务费用/利息支出（660301）　　　JG（）取对方科目计算结果

　　贷：应付利息/借款利息（223101）　短期借款（2001）科目的贷方期末余额＊0.08/12

（2）销售商品成本结转。

分别设置"库存商品""商品销售收入"和"商品销售成本"科目。

（3）期间损益结转。

设置"本年利润"科目。

2. 自动转账生成

（1）生成上述定义的自定义凭证，并审核、记账。

（2）生成销售商品成本结转凭证，并审核、记账。

（3）生成期间损益结转凭证，并审核、记账。

3. 对账

略。

4. 结账

略。

任务结果

备份账套，保存到指定文件夹中。

任务8　报表编制

任务目的

1. 了解报表编制的原理及流程。

2. 掌握报表格式定义、公式定义的操作方法；掌握报表单元公式的用法。

3. 掌握报表数据处理、表页管理及图表功能等操作。

4. 掌握如何利用报表模板生成一张报表。

任务内容

1. 自定义一张报表。

2. 利用报表模板生成资产负债表和利润表。

任务准备

恢复"任务7"账套数据。

任务要求

以账套主管"01刘明"的身份进行报表管理操作。

任务情境

一、自定义报表——简易资产负债表

1. 报表格式

主要指标分析表

单位名称：　　　　　　　　年　　月　　日　　　　　　　　单位：元

资产	期末数	负债和所有者权益	期末数
货币资金		短期借款	
固定资产		实收资本	
应收账款		未分配利润	
合计		合计	

会计主管：　　　　　　　　　　　　　　　　　　　　　　　制表人：

要求如下：

（1）将报表设置为8行4列。

（2）定义报表第1行行高为9 mm，定义第1列和第3列列宽为42 mm。

（3）将A3：D7画上网线。

（4）将A1：D2合并单元格。

（5）依照上表输入表样文字。

（6）分别选择区域B4：B7和D4：D7，设置其单元属性中的单元类型为数值，数字格式为逗号。

（7）将"主要指标分析表"设置字体为楷体，字形为粗体，字号为20，水平方向和垂直方向居中。

（8）关键字设置：在A3单元中定义"单位名称"，在B2单元中定义"年"，在C2单元中定义"月""日"。

（9）将关键字"月"和"日"分别偏移至合适位置。

2. 编辑报表公式

（1）单元公式。

• 直接输入B5单元（即"货币资金"年末余额单元）的计算公式。

• 使用"函数向导"输入B6单元（即"固定资产"期末余额单元）公式。

• 使用"函数向导"输入B7单元（即"应收账款"期末余额单元）公式。

• 使用"函数向导"输入D5、D6、D7单元（即"短期借款""实收资本""未分配利润"期末余额单元）公式。

（2）定义审核公式，检查资产合计是否等于负债和所有者权益合计，如果不等，提示"报表不平"提示信息。

3. 编制报表

（1）进入"主要指标分析表"数据状态。

（2）输入关键字的内容：单位名称为"天宇科技有限公司"，时间：年为"2021"，月为"1月"，日为"31日"。

（3）计算天宇科技有限公司2021年1月31日的"资产负债表"的数据。

二、利用报表模板编制报表

（1）调用"一般企业（2007年新会计准则）"的"资产负债表"模板。

（2）调用"一般企业（2007年新会计准则）"的"利润表"模板。

任务结果

备份账套，保存到指定文件夹中。

任务9 工资的核算

任务目的

1. 掌握用友T3财务软件工资管理系统的相关内容。

2. 掌握工资系统初始化、日常业务处理、工资分摊及月末处理的操作。

任务内容

1. 工资管理系统初始设置。
2. 工资管理系统日常业务处理。
3. 工资分摊及月末处理。
4. 工资系统数据查询。

任务准备

恢复"任务7"账套数据。

任务要求

1. 以账套主管"01刘明"的身份进行工资账套建立及初始设置。
2. 以工资类别主管"02王杰"的身份进行工资日常业务处理。

任务情境

1. 建立工资账套

（1）工资账套信息。工资类别个数：多个；核算币种：人民币（RMB）；要求代扣个人所得税；不进行扣零处理，人员编码长度：3位；启用日期：2021年1月1日。

（2）建立工资类别。工资数别包括001正式人员、002临时人员。

2. 基础信息设置

（1）人员类别设置。人员类别包括管理人员、经营人员、车间管理人员、生产工人。

（2）人员附加信息设置。增加"性别"和"职称"作为人员附加信息。

（3）工资项目设置。

项目名称	类型	长度	小数位数	增减项
基本工资	数字	10	2	增项
奖励工资	数字	10	2	增项
交补	数字	10	2	增项
应发合计	数字	10	2	增项
请假天数	数字	8	2	其他
请假扣款	数字	8	2	减项
养老保险金	数字	8	2	减项
扣款合计	数字	8	2	减项

项目名称	类型	长度	小数位数	增减项
实发合计	数字	10	2	增项
代扣税	数字	8	2	减项

（4）工资类别及相关信息。

工资类别一：正式人员。

部门选择：所有部门。

工资项目：基本工资、奖励工资、交补、应发合计、请假扣款、养老保险金、扣款合计、实发合计、代扣税、请假天数。

计算公式：

工资项目	定义公式
应发合计	基本工资＋奖励工资＋交补
交补	iff（人员类别＝"管理人员"or人员类别＝"车间管理人员"，500，300）
请假扣款	请假天数×30
养老保险金	基本工资×0.08
扣款合计	请假扣款＋养老保险金＋代扣税
实发合计	应发合计——扣款合计

人员档案：

人员编号	人员姓名	部门名称	人员类别	账号	中方人员	是否计税	性别	职称
101	李振	企管办	管理人员	20110010001	是	是	男	高级
201	刘明	财务部	管理人员	20110010002	是	是	男	高级
202	王杰	财务部	管理人员	20110010003	是	是	女	中级
203	李强	财务部	管理人员	20110010004	是	是	男	中级
204	张峰	财务部	管理人员	20110010005	是	是	男	中级
301	孙阳	采购部	管理人员	20110010006	是	是	男	高级
401	赵玉	销售一部	经营人员	20110010007	是	是	女	高级
402	江涛	销售二部	经营人员	20110010008	是	是	男	中级
501	王娟	生产部	车间管理人员	20110010009	是	是	女	中级
502	李伟	生产部	生产工人	20110010010	是	是	男	初级

注：以上所有人员的代发银行均为工商银行中关村分理处

工资类别二：临时人员。

部门选择：生产部。

工资项目：基本工资、应发合计、请假扣款、代扣税、扣款合计、实发合计、请假天数。

计算公式：同正式人员工资类别。

人员档案：

人员编号	人员姓名	部门名称	人员类别	账号	中方人员	是否计税
503	陈晨	生产部	生产工人	20110010011	是	是
504	于晴	生产部	生产工人	20110010012	是	是

（5）银行名称。工商银行中关村分理处；账号定长为11位。

（6）权限设置。设置"02王杰"为两个工资类别的主管。

3. 工资数据

（1）1月初人员工资情况。

正式人员工资情况：

姓名	基本工资/元	奖励工资/元
李振	7 000	1 000
刘明	5 000	800
王杰	4 000	700
李强	4 500	750
张峰	4 000	700
孙阳	5 000	800
赵玉	6 500	950
江涛	5 000	800
王娟	4 500	750
李伟	3 500	650

临时人员工资情况：

姓名	基本工资/元
陈晨	2 800
于晴	2 500

（2）1月工资变动情况。

①考勤情况：李强请假3天；孙阳请假2天；陈晨请假1天。

②因需要，决定招聘李扬（编号505）到生产部担任生产人员（临时人员），以补充力量，其基本工资4 000元，代发工资银行账号：20110010013。

③因去年销售一部推广产品业绩较好，每人增加奖励工资1 000元。

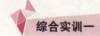

4. 代扣个人所得税

计税基数5 000。

5. 工资计提与分摊

应付工资总额=应发合计×100%

应付福利费=应发合计×14%

工会经费=应发合计×2%

职工教育经费=应发合计×2.5%

工资费用分摊表

工资分摊 部门		工资（100%）		福利费（14%）		工会经费（2%）、职工教育经费（2.5%）	
		借方	贷方	借方	贷方	借方	贷方
企管办，财务部、采购部	管理人员	660201	221101	660201	221102	660201	221103或221104
销售部	经营人员	660101	221101	660101	221102	660101	
生产部	车间管理人员	510101	221101	510101	221102	510101	
	生产工人	500102	221101	500102	221102	500102	

📊 **任务结果**

备份账套，保存到指定文件夹中。

任务10　固定资产核算

📋 **任务目的**

1. 掌握用友T3管理软件中有关固定资产管理的相关内容。
2. 掌握固定资产系统初始化、日常业务处理、月末处理的操作。

⚙️ **任务内容**

1. 固定资产系统参数设置、原始卡片录入。
2. 日常业务：资产增减、资产变动、资产评估、生成凭证、账表查询。
3. 月末处理：计提减值准备、计提折旧、对账和结账。

恢复"任务9"的账套数据。

以"02王杰"的身份进行固定资产管理。

1. 初始设置

（1）控制参数。

控制参数	参数设置
约定与说明	我同意
启用月份	2021.01
折旧信息	本账套计提折旧 折旧方法：平均年限法 折旧汇总分配周期：1个月 当（月初已计提月份＝可使用月份－1）时，将剩余折旧全部提足
编码方式	资产类别编码方式：2112 固定资产编码方式：按"类别编码+部门编码+序号"自动编码卡片序号长度为3
财务接口	与账务系统进行对账 对账科目： 　固定资产对账科目：1601固定资产 　累计折旧对账科目：1602累计折旧
补充参数	业务发生后立即制单 月末结账前一定要完成制单登账业务 可纳税调整的增加方式：直接购入 固定资产缺省入账科目：1601 累计折旧缺省入账科目：1602 可抵扣税额入账科目：22210101

（2）资产类别。

编码	类别名称	净残值率/%	单位	计提属性
01	交通运输设备	4		正常计提
011	经营用设备	4		正常计提
012	非经营用设备	4		正常计提
02	电子设备及其他通信设备	4		正常计提
021	经营用设备	4	台	正常计提
022	非经营用设备	4	台	正常计提

（3）部门及对应折旧科目。

部门	对应折旧科目
企管办、财务部、采购部	管理费用/折旧费
销售部	销售费用/折旧费
生产部	制造费用/折旧费

（4）增减方式的对应入账科目。

增减方式目录	对应入账科目
增加方式	
直接购入	100201，工行存款——人民币户
减少方式	
毁损	1606，固定资产清理

（5）原始卡片录入。

固定资产名称	类别编号	所在部门	增加方式	可使用年限	开始使用日期	原值/元	累计折旧/元	对应折旧科目名称
汽车	12	企管办	直接购入	6	2015.11.1	210 470	32 254.75	管理费用/折旧费
笔记本电脑	22	企管办	直接购入	5	2015.12.1	23 900	548.80	管理费用/折旧费
传真机	22	企管办	直接购入	5	2015.11.1	3 110	1 425.20	管理费用/折旧费
微机	21	生产部	直接购入	5	2015.12.1	6 260	1 016.08	制造费用/折旧费
微机	21	生产部	直接购入	5	2015.12.1	6 260	1 016.08	制造费用/折旧费
合计						250 000	36 260.91	

注：净残值率均为4%，使用状况均为"在用"，折旧方法均采用平均年限法（一）

2. 日常及期末业务

1月28日，生产部购买设备一台，价格100 000元，增值税率13%，净残值率4%，预计使用年限5年，未付款，交付生产部门使用。

1月29日，对轿车进行资产评估，评估结果为原值"200 000"，累计折旧"45 000"。

1月31日，计提本月折旧费用。

1月31日，生产部毁损微机一台，残值收入100元，收到现金。

3. 下月业务

2月16日，总经理办公室的轿车添置新配件10 000元。（转账支票Z006）

2月27日，总经理办公室的传真机转移到采购部。

2月28日，经核查对2015年购入的笔记本电脑计提2 000元的减值准备。

📊 任务结果

备份账套，保存到指定文件夹中。

综合实训二

本实训以模拟河北天洋有限公司有关会计资料及其2020年12月份的经济业务为主线，采取2007年的《企业会计准则》，要求使用畅捷通T3财务软件完成以下工作任务：

（1）完成系统初始化工作。

（2）依权限，严格按照业务发生的日期登录相应的模块并制单。

（3）登记账簿：登账、对账、结账。

（4）编制会计报表：资产负债表、利润表（调用一般企业（2007年企业会计准则）的报表模板）。

（5）保存和输出资料（资产负债表及利润表保存到D盘以"学号＋姓名"建立的文件夹中，文件名为"资产负债表.rep""利润表.rep"）。

一、企业基本情况

企业名称	河北天洋有限公司
法人代表	陈飞
会计主管	李鹏飞
会计	王小静　赵晓红
出纳	张会颖
地址、邮编	石家庄市工农路208号，050031
电话	0311-77012768
纳税人识别号	130858754378887
开户银行	石家庄市工行维明街支行
账号	04020032871738972717
主营业务	生产销售甲、乙产品

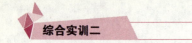

二、企业采用的会计政策和核算方法

（1）企业经石家庄国家税务局认定为一般纳税人，执行2007年的《企业会计准则》和《会计基础工作规范》及最新税法规定。

（2）存货采用实际成本核算，材料和库存商品发出采用加权平均法计价。

（3）产品成本按品种法计算。该企业有一个基本生产车间，生产甲、乙两种产品。生产所用材料全部外购，月末无在产品。

（4）固定资产折旧方法采用平均年限法，按月分类计提折旧。

（5）增值税税率17%，城市维护建设税税率7%，教育费附加费率3%，企业所得税税率25%（企业所得税实行查账计征，按季预缴、年终汇算清缴）。

（6）损益结转采用账结法。

（7）单位成本计算保留两位小数，分配率计算保留四位小数。

任务 1　系统管理

一、增加操作员

编号	姓名	所属部门
T01	李鹏飞	财务部
T02	王小静	财务部
T03	张会颖	财务部
T04	赵晓红	财务部

二、建立账套

（1）账套号：666。

（2）账套名称：河北天洋公司。

（3）启用期间：2020年12月。

（4）单位名称：河北天洋有限公司，单位简称：河北天洋，法人代表：陈飞，邮政编码：050031，联系电话：0311-77012768。

（5）核算信息：本币代码为"RMB"，本币名称为"人民币"，企业类型为"工业"，行业性质为"2007年新会计准则"，账套主管为"李鹏飞"，按行业性质预置科目。

（6）分类信息：无存货分类；客户、供应商需要分类核算；有外币核算。流程：采购、销售使用标准流程。

（7）编码方案：会计科目编码：4-2-2-2-2；部门编码2-2；客户、供应商分类编码1-2-2；其他编码均为默认值。

（8）数据精度：小数位数均为2。

（9）系统启用：启用总账、工资管理、固定资产；启用会计期间均为2020—12—01。

三、财务分工

操作员	岗位	权限
李鹏飞	账套主管	全部权限
王小静	会计	公共目录设置，负责总账中除"出纳签字"以外的所有权限
张会颖	出纳	负责总账中"出纳签字"；现金管理
赵晓红	会计	负责工资管理；固定资产

任务2　总账系统初始化

由"操作员T01"的身份进入666账套，操作日期2020—12—01。

一、部门档案

部门编码	部门名称	部门负责人	部门属性
01	综合管理部	—	管理
0101	办公室	孟　云	管理
0102	财务部	李鹏飞	管理
02	市场部	—	购销
0201	销售部	魏　宁	销售
0202	采购部	韩浩宇	采购
03	后勤部	焦明伟	管理
04	生产部	陆小军	生产

二、职员档案

职员编号	职员名称	所属部门	职员属性
101	孟 云	办公室	经理
102	黄丹阳	办公室	干事
103	李鹏飞	财务部	经理
104	王小静	财务部	会计
105	张会颖	财务部	出纳
106	赵晓红	财务部	核算
201	魏 宁	销售部	经理
202	潘秀华	销售部	一般职员
203	韩浩宇	采购部	经理
204	贾光明	采购部	一般职员
301	焦明伟	后勤部	经理
401	陆小军	生产部	经理
402	刘可欣	生产部	生产人员
403	崔振华	生产部	生产人员
404	杨 明	生产部	经理
405	魏丽芳	生产部	生产人员

三、客户、供应商分类

1. 客户分类

编码	名称
1	长期客户
2	中期客户
3	短期客户

2. 供应商分类

编码	名称
1	工业
2	商业
3	事业

四、客户、供应商档案

1. 客户档案

编号	客户名称	客户简称	所属分编码	开户行	账号	所属行业	邮编
001	天津祥明有限公司	祥明公司	2	工行	098655442334447650	商业	300005
002	太原泰达有限公司	泰达公司	1	工行	306789430097653221	商业	030006
003	石家庄友邦有限公司	友邦公司	3	工行	804789623446005677	商业	050051

2. 供应商档案

编号	供应商名称	供应商简称	所属分类编码	开户行	账号	所属行业	邮编
001	北京科创有限公司	科创公司	2	工行	677998513467889906	商业	101100
002	保定东明有限公司	东明公司	1	工行	009675680892245802	工业	071000

五、业务参数设置

凭证制单时，采用序时控制，制单权限不控制到科目，不可修改他人填制的凭证，出纳凭证必须经由出纳签字。

数量小数位和单价小数位2位，部门、个人、项目按编码方式排序，会计日历为1月1日—12月31日。

六、会计科目与期初余额

科目名称	账类	方向	币别/计量	期初余额/元
库存现金（1001）	日记账	借		7 080.00
银行存款（1002）	银行账、日记账	借		796 821.11
工行存款（100201）	银行账、日记账	借		796 821.11
应收账款（1122）	客户往来（受控系统为空）	借		90 000.00
预付账款（1123）	供应商往来（受控系统为空）	借		
其他应收款（1221）		借		
韩浩宇（122101）		借		
贾光明（122102）		借		2 000.00
坏账准备（1231）		贷		500.00
原材料（1403）		借		201 000.00

续表

科目名称	账类	方向	币别/计量	期初余额/元
A材料（140301）	数量核算	借		72 000.00
		借	千克	450.00
B材料（140302）	数量核算	借		105 000.00
		借	千克	500.00
C材料（140303）	数量核算	借		24 000.00
		借	千克	200.00
库存商品（1405）		借		640 000.00
甲产品（140501）	数量核算	借		420 000.00
		借	件	140.00
乙产品（140502）	数量核算	借		220 000.00
		借	件	110.00
周转材料（1411）		借		
包装物（141101）		借		
固定资产（1601）		借		904 600.00
累计折旧（1602）		贷		308 957.24
在建工程（1604）		借		123 400.00
固定资产清理（1606）		借		
无形资产（1701）		借		120 000.00
累计摊销（1702）				9 000.00
待处理财产损溢（1901）		借		
待处理流动资产损溢（190101）		借		
待处理非流动资产损溢（190102）		借		
短期借款（2001）		贷		233 000.00
应付票据（2201）		贷		
应付账款（2202）	供应商往来（受控系统为空）	贷		93 000.00
预收账款（2203）	客户往来（受控系统为空）	贷		
应付职工薪酬（2211）		贷		76 821.11
工资（221101）		贷		76 821.11
职工福利（221102）		贷		
应交税费（2221）		贷		48 900.00
应交增值税（222101）		贷		44 550.00
进项税额（22210101）		贷		

续表

科目名称	账类	方向	币别/计量	期初余额/元
销项税额（22210102）		贷		44 550.00
未交增值税（222102）		贷		3 045.00
应交城市维护建设税（222103）		贷		1 305.00
应交教育费附加（222104）		贷		
应交所得税（222105）		贷		
应付利息（2231）		贷		1 000.00
其他应付款（2241）		贷		6 624.76
长期借款（2501）		贷		300 000.00
实收资本（4001）		贷		1 614 130.00
资本公积（4002）		贷		45 600.00
盈余公积（4101）		贷		41 000.00
法定盈余公积（410101）				41 000.00
任意盈余公积（410102）				
本年利润（4103）		贷		21 000.00
利润分配（4104）		贷		85 368.00
提取法定盈余公积（410401）				
提取任意盈余公积（410402）				
应付利润（410403）				
未分配利润（410405）				85 368.00
生产成本（5001）		借		
甲产品（500101）		借		
乙产品（500102）		借		
制造费用（5101）		借		
材料（510101）		借		
水电费（510102）		借		
工资（510103）		借		
福利费（510104）		借		
折旧费（510105）		借		
主营业务收入（6001）		贷		
甲产品（600101）	数量核算	贷	件	
乙产品（600102）	数量核算	贷	件	
其他业务收入（6051）		贷		

续表

科目名称	账类	方向	币别/计量	期初余额/元
营业外收入（6301）		贷		
主营业务成本（6401）		借		
甲产品（640101）	数量核算	借	件	
乙产品（640102）	数量核算	借	件	
税金及附加（6403）		借		
应交城市维护建设税（640301）		借		
应交教育费附加（640302）		借		
销售费用（6601）		借		
差旅费（660101）		借		
工资（660102）		借		
福利费（660103）		借		
折旧费（660104）		借		
广告费（660105）		借		
其他（660106）				
管理费用（6602）		借		
工资费用（660201）	部门核算	借		
办公费（660202）	部门核算	借		
业务招待费（660203）	部门核算	借		
差旅费（600204）	部门核算	借		
保险费（660205）	部门核算	借		
水电费（660206）	部门核算	借		
福利费（660207）	部门核算	借		
折旧费（660208）	部门核算	借		
其他费用（660209）	部门核算	借		
财务费用（6603）		借		
利息（660301）		借		
资产减值损失（6701）		借		
营业外支出（6711）		借		
捐赠支出（671101）		借		
处置非流动资产净损失（671102）		借		
所得税费用（6801）		借		
注：指定库存现金为现金总账科目；指定银行存款为银行总账科目				

七、辅助账期初余额

会计科目：1122应收账款　　　　　　　　　　　　　　　余额：借90 000.00元

日期	客户	摘要	方向	金额/元	业务员	票号
2019—11—05	祥明公司	销售商品	借	78 000.00	潘秀华	7665900
2016—05—09	泰达公司	销售商品	借	12 000.00	潘秀华	8659423

会计科目：2202应付账款　　　　　　　　　　　　　　　余额：贷93 000.00元

日期	供应商	摘要	方向	金额/元	业务员	票号
2019—10—20	科创公司	购买商品	贷	93 000.00	贾光明	97405588

八、凭证类型和结算方式

凭证类型为通用记账凭证。

九、结算方式

编码	名称	票据管理标志	编码	名称	票据管理标志
1	支票	否	2	汇兑	否
101	现金支票	否	3	商业汇票	否
102	转账支票	否	4	其他	否

十、外币设置

币符：USD，币名：美元，固定汇率，记账汇率为：6.872 5。

十一、付款条件

编码	信用天数/天	优惠天数1/天	优惠率1/%	优惠天数2/天	优惠率2/天	优惠天数3/天	优惠率3/%
001	30	10	2	20	1	30	0
002	45	15	2	30	1	45	0

十二、开户银行

编号	开户银行	银行账号
001	石家庄市工行维明街支行	04020032871738972717

十三、银行对账期初余额

河北天洋银行对账的启用日期为2020.12.01，工行人民币户企业日记账调整前余额为774 821.11元，银行对账单调整前余额为796 821.11元，未达账项一笔，是2020年10月25日银行已收企业未收款22 000.00元。

任务3 工资系统初始化

由操作员T01进入666账套，操作日期为2020年12月1日。

一、建立工资账套

1. 工资账套信息

设置多个工资类别，核算币种为人民币。

从工资中为职工代扣个人所得税，不进行扣零设置，人员编码长度为3位。

采用银行代发工资形式进行工资发放。

2. 建立工资类别

001正式人员，002临时人员。

3. 指定工资账套主管

将T04赵晓红指定为001、002两个工资类别主管。

二、基础信息设置

1. 人员类别设置

经理人员、管理人员、经营人员、甲产品生产人员、乙产品生产人员。

2. 人员附加信息设置

人员附加信息包括：性别、年龄、技术职称、职务。

3. 工资项目设置

工资项目

项目名称	类型	长度	小数位数	工资增减项
基本工资	数字	8	2	增项
奖励工资	数字	8	2	增项
通信费	数字	8	2	增项
交通补贴	数字	8	2	增项
应发合计	数字	10	2	增项
请假扣款	数字	8	2	减项
养老保险金	数字	8	2	减项
代扣税	数字	10	2	减项
扣款合计	数字	10	2	减项
实发合计	数字	10	2	增项
请假天数	数字	8	2	其他
工作天数	数字	8	2	其他

4. 银行名称设置

工资发放银行为工行维明街支行，银行账号定为11位。

5. 工资类别及相关信息

（1）工资类别一：正式人员。

部门选择：所有部门。

工资项目：基本工资、奖励工资、通信费、交通补贴、应发合计、请假扣款、养老保险金、代扣税、扣款合计、实发合计、请假天数。

正式人员档案：

部门名称	人员编号	人员姓名	人员类别	银行	账号	是否计税
办公室	101	孟云	经理人员	工商银行维明街支行	62122604001	是
办公室	102	黄丹阳	管理人员	工商银行维明街支行	62122604002	是
财务部	103	李鹏飞	经理人员	工商银行维明街支行	62122604003	是
财务部	104	王小静	管理人员	工商银行维明街支行	62122604004	是
财务部	105	张会颖	管理人员	工商银行维明街支行	62122604005	是
财务部	106	赵晓红	管理人员	工商银行维明街支行	62122604006	是

续表

部门名称	人员编号	人员姓名	人员类别	银行	账号	是否计税
销售部	201	魏　宁	经理人员	工商银行维明街支行	62122604007	是
销售部	202	潘秀华	经营人员	工商银行维明街支行	62122604008	是
采购部	203	韩浩宇	经理人员	工商银行维明街支行	62122604009	是
采购部	204	贾光明	经营人员	工商银行维明街支行	62122604020	是
后勤部	301	焦明伟	经理人员	工商银行维明街支行	62122604021	是
生产部	401	陆小军	经理人员	工商银行维明街支行	62122604022	是
生产部	402	刘可欣	甲产品生产人员	工商银行维明街支行	62122604023	是
生产部	403	崔振华	甲产品生产人员	工商银行维明街支行	62122604024	是
生产部	404	杨　明	乙产品生产人员	工商银行维明街支行	62122604025	是
生产部	405	魏丽芳	乙产品生产人员	工商银行维明街支行	62122604026	是

正式人员工资计算公式：

工资项目	定义公式
请假扣款	请假天数×60
养老保险金	（基本工资＋奖励工资）×0.05
通信费	iff（人员类别＝"经理人员"，500，iff（人员类别＝"管理人员"，300，100））
交通补贴	iff（人员类别＝"经理人员"，300，200）
应发合计	基本工资＋奖励工资＋通信费＋交通补贴
扣款合计	请假扣款＋养老保险金＋代扣税
实发合计	应发合计－扣款合计

（2）工资类别二：临时人员。

部门选择：生产部。

工资项目：基本工资、应发合计、养老保险金、代扣税、扣款合计、实发合计、工作天数。

临时人员档案：

部门名称	人员编号	人员姓名	人员类别	银行	账号	是否计税
生产部	411	陆　阳	甲产品生产人员	工商银行维明街支行	62122604031	是
生产部	412	赵佳康	甲产品生产人员	工商银行维明街支行	62122604032	是
生产部	413	王子锡	甲产品生产人员	工商银行维明街支行	62122604033	是
生产部	414	管　朋	乙产品生产人员	工商银行维明街支行	62122604034	是
生产部	415	冯梦凡	乙产品生产人员	工商银行维明街支行	62122604035	是

临时人员工资计算公式：

工资项目	定义公式
基本工资	工作天数×120
养老保险金	基本工资×0.05
应发合计	基本工资
扣款合计	养老保险金＋代扣税
实发合计	应发合计－扣款合计

三、工资数据录入

正式人员月初人员工资情况：

姓名	基本工资/元	奖励工资/元
孟 云	6 000	600
黄丹阳	4 900	400
李鹏飞	5 500	550
王小静	4 500	400
张会颖	4 400	300
赵晓红	5 200	350
魏 宁	6 100	450
潘秀华	4 700	450
韩浩宇	5 400	520
贾光明	4 800	430
焦明伟	4 700	520
陆小军	5 500	540
刘可欣	4 600	550
崔振华	4 700	460
杨 明	5 100	450
魏丽芳	4 400	420

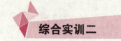

四、个人所得税计算与申报

计算所得税的基数为5 000元，附加费用1 300元。

五、银行代发

银行格式设置采用默认，文件方式设置为TXT格式。

六、工资计提与分摊

应付工资总额=应发合计×100%

应付福利费=应发合计×14%

应付职工薪酬分摊设置内容：

部门	方向 / 项目	项目	工资总额		福利费	
			借方	贷方	借方	贷方
办公室	经理人员	应发合计	660201（管理费用——工资费用）	221101（应付职工薪酬——工资）	660207（管理费用——福利费）	221102（应付职工薪酬——福利费）
	管理人员	应发合计				
财务部	经理人员	应发合计				
	管理人员	应发合计				
采购部	经理人员	应发合计				
	经营人员	应发合计				
后勤部	经理人员	应发合计				
销售部	经营人员	应发合计	660102（销售费用——工资）		660103（销售费用——福利费）	
	经理人员	应发合计				
生产部	经理人员	应发合计	510103（制造费用——工资）		510104（制造费用——福利费）	
	甲产品生产人员	应发合计	500101（生产成本——甲产品）		500101（生产成本——甲产品）	
	乙产品生产人员	应发合计	500102（生产成本——乙产品）		500102（生产成本——乙产品）	

"临时人员"分摊：

方向 项目 部门	项目	工资总额		福利费	
		借方	贷方	借方	贷方
生产部　甲产品生产人员	应发合计	500101（生产成本——甲产品）	221101（应付职工薪酬——工资）	500101（生产成本——甲产品）	221102（应付职工薪酬——福利费）
乙产品生产人员	应发合计	500102（生产成本——乙产品）		500102（生产成本——乙产品）	

任务4　固定资产系统初始化

由"操作员T01"的身份进入666账套，操作日期为2020年12月1日。

一、业务参数

启用月份2020年12月，按平均年限法（一）计提折旧，折旧分配周期为1个月，类别编码方式2112。

固定资产编码方式：按"类别编码＋部门编码＋序号"自动编码；卡片序号长度为3。

要求与账务系统进行对账，固定资产对账科目：1601，固定资产；累计折旧对账科目：1602，累计折旧；在对账不平的情况下不允许月末结账。

业务发生后立即制单，月末结账前一定要完成制单登账业务；可纳税调整的增加方式：直接购入；固定资产缺省入账科目：1601；累计折旧缺省入账科目：1602；可抵扣税额入账科目：进项税额22210101。

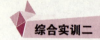

二、资产类别

类别编码	类别名称	使用年限/年	净残值率/%	计量单位	折旧方法	计提属性
01	办公设备	10	4	台	平均年限法（一）	正常计提
02	运输设备	10	5	辆	工作量法	正常计提
03	生产设备	15	5	台	平均年限法（一）	正常计提

三、固定资产增减方式

增加方式：

增加方式名称	对应入账科目
直接购入	100201，工行存款
投资者投入	4001，实收资本
盘盈	190102，待处理固定资产损溢

减少方式：

减少方式名称	对应入账科目
出售	1606，固定资产清理
盘亏	190102，待处理固定资产损溢
报废	1606，固定资产清理

四、部门及对应折旧科目

部门名称		折旧科目
综合管理部	办公室	660208
	财务部	660208
市场部	销售部	660104
	采购部	660208
后勤部		660208
生产部		510105

五、原始卡片

固定资产原始卡片一览表

固定资产编号	固定资产名称	类别编号	所属部门	增加方式	使用状况	使用年限	折旧方法	原值/元	累计折旧/元	开始使用日期
1	帕萨特轿车	2	办公室	直接购入	在用	10	工作量法	210 000	26 600.00	2016.12.13
2	惠普激光打印机	1	办公室	直接购入	在用	5	平均年限法（一）	19 800	6 652.80	2017.05.09
3	戴尔台式电脑	1	办公室	直接购入	在用	5	平均年限法（一）	4 500	864.00	2018.11.10
4	联想台式电脑	1	财务部	直接购入	在用	5	平均年限法（一）	5 500	2 068.00	2016.12.24
5	车床1	3	生产部	直接购入	在用	10	平均年限法（一）	150 000	141 708.33	2012.11.15
6	车床2	3	生产部	直接购入	在用	10	平均年限法（一）	200 000	78 111.11	2014.09.26
7	东风创普载货车	2	采购部	直接购入	在用	8	工作量法	99 800	28 443.00	2016.08.17
8	沃尔沃FMX载货车	2	销售部	直接购入	在用	8	工作量法	215 000	24 510.00	2018.05.19
合计								904 600	308 957.24	

注：①东风创普载货车：总工作量：500 000；累计工作量：150 000；工作量单位：千米
　　②沃尔沃FMX载货车：总工作量：500 000；累计工作量：60 000；工作量单位：千米
　　③帕萨特轿车：总工作量：600 000；累计工作量：80 000；工作量单位：千米

任务5　日常业务处理

河北天洋公司2020年12月发生下列经济业务事项：

操作日期2020年12月31日，T02操作员完成总账系统制单；T04操作员完成工资、固定资产业务；T03操作员负责出纳签字；T01操作员负责审核、记账。

说明：为减少篇幅，购入货物取得了增值税专用发票，均视同已取得抵扣联，抵扣联略。

（1）12月01日，收到前欠货款。

中国工商银行进账单（回单或收账通知）

2020年12月01日　　　　　　　　　　　　　　　　第75号

<table>
<tr><td rowspan="3">付款人</td><td>全称</td><td>天津祥明有限公司</td><td rowspan="3">收款人</td><td>全称</td><td>河北天洋有限公司</td><td rowspan="9">此联是收款人开户银行交给收款人的回单或收款</td></tr>
<tr><td>账号</td><td>098655442334447650</td><td>账号</td><td>04020032871738972717</td></tr>
<tr><td>开户银行</td><td>天津市工行进步路支行</td><td>开户银行</td><td>石家庄市工行维明街支行</td></tr>
<tr><td colspan="2">人民币 柒万捌仟元整
（大写）</td><td colspan="4">千 百 十 万 千 百 十 元 角 分
¥ 7 8 0 0 0 0 0</td></tr>
<tr><td>票据种类</td><td>转账支票</td><td colspan="3" rowspan="2"></td></tr>
<tr><td>票据张数</td><td>1</td></tr>
<tr><td colspan="2">单位　　会计　　复核　　记账
主管</td><td colspan="3">收款人开户银行盖章</td></tr>
</table>

（2）12月2日，提取现金备用。

中国工商银行　　　　　　　（冀）

现金支票存根

8600623

附加信息＿＿＿＿＿＿＿＿＿＿＿＿＿＿

＿＿＿＿＿＿＿＿＿＿＿＿＿＿＿＿＿＿

＿＿＿＿＿＿＿＿＿＿＿＿＿＿＿＿＿＿

出票日期2020年12月02日

<table>
<tr><td>收款人：河北天洋有限公司</td></tr>
<tr><td>金　额：¥3 700.00</td></tr>
<tr><td>用　途：备用</td></tr>
</table>

单位主管：李鹏飞　　会计：王小静

（3）12月2日，预借差旅费。

借 款 单

2020年12月02日

借款单位：采购部韩浩宇		
借款理由：参加会议		
借款数额：人民币（大写）	贰仟元整	￥2 000.00
本单位负责人意见：同意 孟云	借款人：韩浩宇	
会计主管核批：同意	付款方式：	出纳：
李鹏飞	现金	张会颖

（4）12月4日，支付广告费。

河北增值税专用发票

发 票 联

No 25804123

开票日期：2020年12月4日

购货单位	名　　称：河北天洋有限公司 纳税人识别号：130858754378887 地　址、电话：石家庄市工农路208号 0311-77012768 开户行及账号：石家庄市工行维明街支行 040200328717389672717					密码区		
货物或应税劳务、服务名称	规格型号	单位	数量	单价		金额	税率	税额
广告发布费						23 584.91	6%	1 415.09
合　　计						￥23 584.91		￥1 415.09
价税合计（大写）	人民币贰万伍仟元整				（小写）￥25 000.00			
销货单位	名　　称：河北久瑞文化传播有限公司 纳税人识别号：130106687470990 地　址、电话：石家庄裕华区体育大街方北大厦1801 0311-89642581 开户行及账号：光大银行石家庄建华北大街支行 751601889000117585					备注	130106687470990 发票专用章	

收款人：　　　　　复核：　　　　　开票人：李燕平　　　　　销货单位：（章）

第三联：发票联　购买方记账凭证

中国工商银行

转账支票存根　　（冀）

XV12320061268

附加信息 _____

_____

_____

出票日期2020 年12 月04 日

收款人：河北久瑞文化传播有限公司
金　额：￥25 000.00
用　途：广告费

单位主管：李鹏飞　　　会计：王小静

（5）12月6日，支付业务招待费。（办公室）

河北增值税普通发票

发　票　联

No 04940745

开票日期：2020年12月6日

购货单位	名　　称：河北天洋有限公司 纳税人识别号：130858754378887 地　址、电话：石家庄市工农路208号 0311-77012768 开户行及账号：石家庄市工行维明街支行 04020032871738972717					密码区		
货物或应税劳务、服务名称	规格型号	单位	数量	单价	金额	税率	税额
餐费					800.00	3%	24.00
合　　　计					￥800.00		￥24.00
价税合计（大写）	人民币捌佰贰拾肆元整				（小写）￥824.00		
销货单位	名　　称：石家庄湘君府 纳税人识别号：19866500879805617687 地　址、电话：石家庄长安区跃进路128号 0311-2534262 开户行及账号：河北银行跃进分理处 4504015474000154					备注		

石家庄湘君府

19866500879805617687

发票专用章

收款人：　　　　复核：　　　　开票人：陈艳霞　　　　销货单位：（章）

6. 12月08日，支付借款利息。（已计提利息2 000元）

第二联：发票联　购买方记账凭证

中国工商银行（计算）利息清单

币种：人民币　　　　　　　2020年12月08日　　　　　　　　　流水号

户名：河北天洋有限公司			账号 7654321		
计息项目	起息日	结息日	本金/积数	利率	利息
贷款	20200905	20201205	200 000.00	6%	¥3 000.00
合计（大写）	人民币叁仟元整				
根据有关规定或双方约定，上列款项已直接扣划你单位 972717 账户，你单位上述账户不足支付贷款利息的，请另筹资金支付。			中国工商银行股份有限公司维明街支行 2020.12.08 转讫		

会计主管：　　　　授权：　　　　　　复核：李华　　　　　录入：赵阔

（7）12月10日，购入包装箱，款未付。

北京增值税专用发票

发票联

　　　　　　　　　　　　　　　　　　　　　　　　　No 25804123

开票日期：　2020 年 12 月 10 日

购货单位	名　　称：河北天洋有限公司 纳税人识别号：130858754378887 地　址、电　话：石家庄市工农路208号 0311-77012768 开户行及账号：石家庄市工行维明街支行 04020032871738972717					密码区	

货物或应税劳务、服务名称	规格型号	单位	数量	单价	金额	税率	税额
包装箱		个	500	50.00	25 000.00	13%	3 250.00
合　计					¥25 000.00		¥3 250.00
价税合计（大写）	人民币贰万捌仟贰佰伍拾元整				（小写）¥28 250.00		

销货单位	名　　称：北京科创有限公司 纳税人识别号：110902858433522 地　址、电　话：北京市朝阳区光明路128号 010-25689543 开户行及账号：工行向阳分理处 677998513467889906	备注	北京科创有限公司 110902858433522 发票专用章

收款人：张华　　　复核：潘秀锦　　　开票人：王涛　　　销货单位：（章）

第三联：发票联　购买方记账凭证

收料单（财会联）　　　　　　　　　　　NO：1325

供货单位：北京科创有限公司　　　2020年12月10日

材料名称及规格	单位	单价/元	应收数量/个	金额/元	实收数量/个	金额/元
包装箱	个	50.00	500	25 000.00	500	25 000.00

验收人：贾光明　　　　　　　　　　　　　　　　　保管员：张桐

（8）12月11日，购买办公用品。（部门：办公室）

河北增值税专用发票

发 票 联

No 04940745

开票日期：2020年12月11日

购买方	名　　　称：河北天洋有限公司 纳税人识别号：130858754378887 地址、电话：石家庄市工农路208号　0311-77012768 开户行及账号：石家庄市工行维明街支行　04020032871738972717					密码区		
货物或应税劳务、服务名称	规格型号	单位	数量	单 价	金 额	税率	税 额
档案盒		个	20	7.766 990 291 26	155.34	3%	4.66
打印纸		件	2	194.174 757 281	388.35	3%	11.65
档案袋		个	80	0.970 873 786 40	77.67	3%	2.33
合　　计					¥621.36		¥18.64
价税合计（大写）	人民币陆佰肆拾元整				（小写）¥640.00		
销售方	名　　　称：石家庄四汇文化用品公司 纳税人识别号：13233195710516006X 地址、电话：石家庄市东风路65号　0311-88560333 开户行及账号：建设银行东风分理处　623680130000227812					备注	13233195710516006x 发票专用章

收款人：　　　　复核：　　　　开票人：肖虹　　　　销售方：（章）

第二联：发票联　购买方记账凭证

（9）12月12日，购入材料。

河北增值税专用发票

发 票 联

No 56482230

开票日期：2020年12月12日

购货单位	名　　　称：河北天洋有限公司 纳税人识别号：130858754378887 地址、电话：石家庄市工农路208号　0311-77012768 开户行及账号：石家庄市工行维明街支行　04020032871738972717					密码区		
货物或应税劳务、服务名称	规格型号	单位	数量	单 价	金 额	税率	税 额
A材料		千克	1 000	165.00	165 000.00	13%	21 450.00
B材料		千克	800	220.00	176 000.00	13%	22 880.00
合　　计					¥3 1000.00		¥44 330.00
价税合计（大写）	⊗叁拾捌万伍仟叁佰叁拾元整				（小写）¥385 330.00		
销货单位	名　　　称：保定东明有限公司 纳税人识别号：2287588642679977 地址、电话：保定市七一路68号　0312-78963254 开户行及账号：工行七一路支行　0096756808922245802					备注	2287588642679977 发票专用章

收款人：张茜茜　　　　复核：赵斌　　　　开票人：李玉清　　　　销货单位：（章）

第三联：发票联购买方记账凭证

河北增值税专用发票

发 票 联

No 06432830

开票日期：2020年12月12日

购货单位	名　　　称：河北天洋有限公司 纳税人识别号：130858754378887 地　址、电　话：石家庄市工农路208号 0311-77012768 开户行及账号：石家庄市工行维明街支行 04020032871738972717					密码区	

货物或应税劳务、服务名称	规格型号	单位	数量	单价	金额	税率	税额
运费					1 800.00	9%	162.00
合　　　计					¥1 800.00		¥162.00

价税合计（大写）	⊗壹仟玖佰陆拾贰元整　　　（小写）¥19 62.00

销货单位	名　　　称：保定富达汽车运输有限公司 纳税人识别号：100876577548996 地　址、电　话：保定市朝阳路48号 0312-2572321 开户行及账号：农行朝阳路支行 878345940023	备注	100876577548996 发票专用章

收款人：刘颖　　　　　复核：孟菲　　　　　开票人：张然然　　　　　销货单位：（章）

收料单（财会联）　　　　　　　　　　　　　　　　　NO：178

供货单位：保定东明有限公司　　　　　2020年12月12日　　　　　单位：元

材料名称	单价	重量/千克	买价	运费			实际采购成本	单位成本
				分配标准/千克	分配率	金额		
A材料	165	1 000	165 000			1 000.00	166 000	166
B材料	220	800	176 000			800.00	176 800	221
合计		1 800	341 000	1 800	1	1 800.00	342 800	

复核：李鹏飞　　　　　　　　　　　　　　　　　　　制单：王小静

（10）12月13日，销售材料。

河北增值税专用发票

发票联

No 00202203

开票日期：2020年12月13日

购货单位	名　　　称：天津祥明有限公司	密码区	
	纳税人识别号：654388863300062		
	地址、电话：天津市进步路129号 022-83214563		
	开户行及账号：天津市工行进步路支行 098655442334447650		

货物或应税劳务、服务名称	规格型号	单位	数量	单价	金额	税率	税额
B材料		千克	100	300.00	30 000.00	13%	3 900.00
合　　　计					¥ 30 000.00		¥ 3 900.00

价税合计（大写）	⊗ 叁万叁仟玖佰元整	（小写）¥33 900.00

销货单位	名　　　称：河北天洋有限公司	备注	河北天洋有限公司 130858754378887 发票专用章
	纳税人识别号：130858754378887		
	地址、电话：石家庄市工农路208号 0311-77012768		
	开户行及账号：石家庄市工行维明街支行 04020032871738972717		

收款人：闫蒙　　　　复核：肖亮　　　　开票人：付刚　　　　销货单位：（章）

第一联 销售方记账凭证

中国工商银行进账单（回单或收账通知）

2020年12月13日　　　　　　　　　　　　　　　　第1号

付款人	全称	天津祥明有限公司	收款人	全称	河北天洋有限公司
	账号	098655442334447650		账号	04020032871738972717
	开户银行	天津市工行进步路支行		开户银行	石家庄市工行维明街支行

人民币 （大写）	叁万叁仟玖佰元整	千	百	十	万	千	百	十	元	角	分
				¥	3	3	9	0	0	0	0

票据种类	转账支票	中国工商银行股份 有限公司 维明街支行 2020.12.13 转讫 收款人开户银行盖章
票据张数	1	
单位 主管　　　会计　　　复核　　　记账		

此联是收款人开户银行交给收款人的回单或收款

（11）12月16日，发工资。（两张凭证）

中国工商银行　　（冀）
转账支票存根
XV06887612

附加信息 _____
_____
_____
_____

出票日期2020 年12 月16 日

| 收款人：河北天洋有限公司 |
| 金　额：¥720 00.00 |
| 用　途：发工资 |

单位主管：李鹏飞　　　会计：王小静

公司工资发放汇总表
2020年12月16日

人员类别		基本工资	奖励工资	交通补贴	应发工资	扣款合计	实发工资
综合部	办公室						
	财务部						
市场部	销售部						
	采购部						
后勤部							
生产部							
合计							

复核：李鹏飞　　　　　　　　　　　　　　　　　制表：王小静

（12）12月17日，对外进行捐赠。

河北省捐款专用发票
2020年12月13日

业务编号：18-1

NO：57765412

捐赠人		河北天洋有限公司		捐赠号		BDJZ285562558	
捐赠种类	实物	名称	品种	计量单位	单价	折算金额	
		为灾区捐款					
	货币	（大写）：壹万伍仟元整				¥15 000.00	
捐收单位（章）：						经办人：贾静晗	

中国工商银行

转账支票存根

26324202

附加信息 _____

_____

_____

出票日期2020 年12月17日

收款人:	保定市红十字会
金　额:	¥15 000.00
用　途:	向灾区捐款

单位主管：李鹏飞　　　会计：王小静

（13）12月20日，将收取的现金存入银行。（两张凭证）

收款收据

2020年12月20日　　　　　　　　　　　　No 12026653138

今收到　罗兵

交　来　罚款

人民币（大写）贰仟陆佰元整　　　¥2 600.00

收款单位

（公章）

收款人	张会颖	交款人	罗兵

第三联 收据

中国工商银行现金存款凭条

2020年12月20日

存款人	全　称	河北天洋有限公司				款项来源		罚款收入							
	账　号	04020032871738972717				交款人		罗兵							
	开户行	石家庄市工行维明街支行													

						千	百	十	万	千	百	十	元	角	分
金额大写（币种）贰仟陆佰元整									¥	2	6	0	0	0	0

复核：　　　　　经办：

票面	张数	票面	张数	票面	张数
100元	20	5角			
50元	12	2角			
20元		1角			
10元		5分			
5元		2分			
2元		1分			
1元					

中国工商银行股份
有限公司
维明街支行
2020.12.20
转讫

第二联 客户核对

（14）12月20日，采购部韩浩宇报销差旅费。（其他单据略）

（注意：火车票390元，计算抵扣进项税，税率9%）

差旅费报销单

部门：采购部　　　　　　　　　　　　　2020年12月20日　　　　　　　　　　　单据张数4张

出差人				韩浩宇				出差事由			参加会议		
出发				到达				交通费		出差补贴	其他费用		
月	日	时	地点	月	日	时	地点	交通工具	单据张数/元	金额/元	天数/天	金额/元	项目	单据张数/张	金额/元
12	6		石家庄	12	6		郑州	火车	1	195.00	8	240	住宿费	1	1 402.00
12	13		郑州	12	13		石家庄	火车	1	195.00			市内车费	1	20.00
												邮电费		
												其他		
合计									390.00		240			1 422.00

报销总额	人民币　　贰仟零伍拾贰元整（大写）	预借旅费	¥2 000.00	补领金额	¥52.00
				退还金额	

主管：　　　　　　审核：李鹏飞　　　　　　出纳：张会颖　　　　　　领款人：韩浩宇

（15）12月21日，支付本月财产保险费。（部门：办公室）

太平洋保险公司保险专用发票

发票联　　　　　　　　　（2020）D15780009756

被保险人	河北天洋有限公司	
人民币	小写：¥1 800.00	
业务员	尤佳	核保：
承保险别	汽车	
保险费	大写：壹仟捌佰元整	
交费形式	2	1.现金 2.转账支票 3.银行划转 4.其他
保险单号		130100730282126

太平洋保险公司 发票专用章

保险公司（签章）：　　制单：　　出纳：　　　2020年12月21日

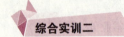

中国工商银行
转账支票存根
2849399

附加信息

出票日期2020年12月21日

收款人：太平洋保险公司
金　额：¥1 800.00
用　途：财产保险费
备　注：

单位主管：李鹏飞　　　　会计：王小静

（16）12月22日，固定资产报废。（两张凭证）（在固定资产模块中填写固定资产卡片，并生成凭证；其他相关凭证在总账直接录入）

固定资产报废单

2020年12月22日

名称编号	规格型号	单位	数量	预计使用年限/年	已使用年限/年	原值/元	已提折旧/元	备注
车床1		台	1	15	15	150 000.00	142 500.33	
报废原因	正常报废							
使用部门	技术鉴定			单位负责人意见			主管部门意见	
已不能使用	已鉴定可以报废			同意报废			同意	

主管：李鹏飞　　　　　　　审核：李鹏飞　　　　　　　制单：赵晓红

（17）12月25日公司生产部购入一台机床。（在固定资产模块中填写固定资产卡片，并生成凭证）

陕西增值税专用发票

发票联

No 19050052

开票日期：　2020 年 12 月 25 日

购货单位	名　　　　称：河北天洋有限公司								
	纳税人识别号：130858754378887						密码区		
	地址、电话：石家庄市工农路208号　0311-77012768								
	开户行及账号：石家庄市工行维明街支行　04020032871738972717								

货物或应税劳务、服务名称	规格型号	单位	数量	单价	金额	税率	税额
车床3		台	1	500 000	500 000.00	13%	65 000
合　　　计					¥500 000.00		¥65 000

价税合计（大写）	⊗伍拾陆万伍仟元整	（小写）¥565 000.00

销货单位	名　　　　称：陕西大成机械有限公司				备注
	纳税人识别号：46845554713280				
	地址、电话：西安民族路32号　029-3726456				
	开户行及账号：交行民族路支行　8215272310003				

备注：46845554713280　发票专用章　商业汇票结算

收款人：张青　　　　复核：李明　　　　开票人：王蒙　　　　销货单位：（章）

第三联：发票联购买方记账凭证

陕西增值税专用发票

发票联

No 55946990

开票日期：　2020 年 12 月 25 日

购货单位	名　　　　称：河北天洋有限公司								
	纳税人识别号：130858754378887						密码区		
	地址、电话：石家庄市工农路208号　0311-77012768								
	开户行及账号：石家庄市工行维明街支行　04020032871738972717								

货物或应税劳务、服务名称	规格型号	单位	数量	单价	金额	税率	税额
运费					5 000.00	9%	450.00
合　　　计					¥5 000.00		¥450.00

价税合计（大写）	⊗伍仟肆佰伍拾元整	（小写）¥5 450.00

销货单位	名　　　　称：陕西顺德运输有限公司				备注
	纳税人识别号：346991874933200				
	地址、电话：西安市长江路102号　029-3724567				
	开户行及账号：交行长江支行　87499900443				

备注：46845554713280　发票专用章

收款人：张青　　　　复核：李明　　　　开票人：王蒙　　　　销货单位：（章）

第三联：发票联购买方记账凭证

商业承兑汇票（存根）

出票日期（大写）贰零贰零年壹拾贰月贰拾伍日

汇票号码
第25号

付款人	全称	河北天洋有限公司		收款人	全称	陕西大成机械有限公司											此联承兑人留存
	账号	04020032871738972717			账号	8215272310003											
	开户银行	石家庄市工行维明街支行	行号 ××		开户银行	交行民族路支行	行号		××								

出票金额	人民币（大写）伍拾玖万零伍佰伍拾元整	千	百	十	万	千	百	十	元	角	分
		¥	5	9	0	5	5	0	0	0	0

汇票到期日	2021年4月10日	交易合同号码	××
出票人签章		备注：	

固定资产交接（验收）单

2020年12月26日

固定资产编号	名称	规格型号	计量单位	数量	建造单位	—	建造编号	资金来源	附属技术资料
0000088	车床3	—	台	1	北方机械	—	—	自有	说明书

总价		设备费/元	安装费	运杂费/元	包装费	其他	合计/元	预计年限/年	净残值率/%
		500 000		5 000			505 000	15	5%
生产设备									
验收意见	合格，交生产部使用		验收人签章		陆小军		保管使用人签章		刘可欣

（18）12月26日，办公室黄丹阳因使用不当发生线路问题，造成1台微机毁损（卡片编号：00003），责令其赔偿损失300元。

固定资产报废单

2020年12月26日

名称编号	规格型号	单位	数量	预计使用年限/年	已使用年限	原值/元	已提折旧/元	备注
戴尔台式电脑		台	1	10	2年1个月	4 500	936	
报废原因			使用不当					
使用部门		技术鉴定		单位负责人意见			主管部门意见	
已不能使用				由使用人赔偿300元			同意	

主管：李鹏飞　　　　　　审核：李鹏飞　　　　　　制单：赵晓红

收款收据

2020年12月26日　　　　No 12026653138

今收到 黄丹阳

交　来 赔偿款

人民币（大写）叁佰元整　　　¥300.00

收款单位（公章）　　河北天洋有限公司 财务专用章

收款人	张会颖	交款人	黄丹阳

第三联　收据

（19）12月27日，销售产品。

河北增值税专用发票

发票联

No 004598812

开票日期：2020年12月26日

购货单位	名称：太原泰达有限公司 纳税人识别号：69599700000775490 地址、电话：太原市建设路56号 0351-62564152 开户行及账号：工行建设路分理处 306789430097653221	密码区					
货物或应税劳务、服务名称	规格型号	单位	数量	单价	金额	税率	税额
乙产品		件	100	3 000.00	300 000.00	13%	39 000.00
合计					¥300 000.00		¥39 000.00
价税合计（大写）	ⓧ叁拾叁万玖仟元整			（小写）¥339 000.00			
销货单位	名称：河北天洋有限公司 纳税人识别号：130858754378887 地址、电话：石家庄市工农路208号 0311-77012768 开户行及账号：石家庄市工行维明街支行 04020032871738972717	备注	河北天洋有限公司 130858754378887 发票专用章				

收款人：张会颖　　复核：李鹏飞　　开票人：潘秀华　　销货单位：（章）

第一联：销售方记账凭证

产品出库单

2020年12月26日　　　　编号：20120102

品名	规格	单位	数量	单位成本	总成本
乙产品		件	100		
合计					

会计主管：李鹏飞　　记账：王小静　　制单：王小静

第二联：财务存

（20）12月27日，销售产品。

河北增值税专用发票
发票联

No 66685637

开票日期： 2020 年 12 月 27 日

购货单位	名　　　称：石家庄友邦有限公司					密码区		
	纳税人识别号：146976560007433							
	地址、电话：石家庄市五七路39号　87552126							
	开户行及账号：石家庄市工行五七路支行　804789623446005677							

货物或应税劳务、服务名称	规格型号	单位	数量	单价	金额	税率	税额
甲产品		件	100	4 500.00	450 000.00	13%	58 500.00
合　　计					¥450 000.00		¥58 500.00

价税合计（大写）	⊗伍拾万捌仟伍佰元整	（小写）¥508 500.00

销货单位	名　　　称：河北天洋有限公司		备注
	纳税人识别号：130858754378887		
	地址、电话：石家庄市工农路　0311-2933456		
	开户行及账号：石家庄市工行维明街支行　04020032871738972717		

河北天洋有限公司
130858754378887
发票专用章

收款人：张会颖　　　　复核：李鹏飞　　　　开票人：潘秀华　　　　销货单位：（章）

第三联：发票联购买方记账凭证

中国工商银行进账单（回单或收账通知）

2020年12月27日　　　　　　　　　　第71号

付款人	全称	石家庄友邦有限公司	收款人	全称	河北天洋有限公司
	账号	804789623446005677		账号	04020032871738972717
	开户银行	石家庄市工行五七路支行		开户银行	石家庄市工行维明街支行

人民币（大写）	伍拾万捌仟伍佰元整	千	百	十	万	千	百	十	元	角	分
			¥	5	0	8	5	0	0	0	0
票据种类	转账支票										
票据张数	1										

中国工商银行股份有限公司
维明街支行
2020.12.27
转讫

单位主管	会计	复核	记账	收款人开户银行盖章

此联是收款人开户银行交给收款人的回单或收款

产品出库单

2020年12月27日　　　　　　　　　　编号：22854642

品名	规格	单位	数量	单位成本	总成本
甲产品		件	100		
合计					

会计主管：李鹏飞　　　　　　　记账：王小静　　　　　　　　制单：王小静

第二联：财务存

（21）12月28日，支付并分配本月水电费。

河北增值税专用发票

发　票　联

No 19005678

开票日期：2020 年 12 月 28 日

购货单位	名　　　称：河北天洋有限公司 纳税人识别号：130858754378887 地 址、电 话：石家庄市工农路208号　0311-77012768 开户行及账号：石家庄市工行维明街支行　04020032871738972717				密码区		
货物或应税劳务、服务名称	规格型号	单位	数量	单价	金额	税率	税额
自来水		立方	5 000	2.00	10 000.00	9%	900.00
合　　计					¥10 000.00		¥900.00
价税合计（大写）	人民币壹万零玖佰元整				（小写）¥10 900.00		
销货单位	名　　　称：石家庄市供水总公司 纳税人识别号：17495955505818 地 址、电 话：石家庄市范西路198号　0311-87852348 开户行及账号：建行范西路支行　62178665720924587				备注		

收款人：金紫　　　复核：李建　　　开票人：林华　　　　销货单位：（章）

第二联：发票联　购货方记账凭证

中国工商银行（冀）

转账支票存根

02387022

附加信息 _____

_____

_____

出票日期2020年12月28日

收款人：石家庄市供水总公司	
金　额：¥10 900.00	
用　途：水费	

单位主管：李鹏飞　　　会计：王小静

河北增值税专用发票

发票联

No 68926543

开票日期：2020年12月28日

购货单位	名　　称：河北天洋有限公司 纳税人识别号：130858754378887 地址、电话：石家庄市工农路208号 0311-2945732 开户行及账号：石家庄市工行维明街支行 04020032871738972717					密码区		
货物或应税劳务、服务名称	规格型号	单位	数量	单价	金　额	税率	税　额
电		kvah	20 000	0.8	16 000.00	13%	2 080.00
合　　计					¥16 000.00		¥2 080.00
价税合计（大写）	⊗壹万捌仟零捌拾元整					（小写）¥18 080.00		
销货单位	名　　称：石家庄市供电局 纳税人识别号：15906537995531 地址、电话：石家庄市中华南大街529号 0311-86352479 开户行及账号：交行中华大街支行 680088865432097654					备注		

石家庄市供电局
15906537995531
发票专用章

收款人：赵晓红　　　复核：李瑞　　　开票人：王小静　　　销货单位：（章）

中国工商银行（冀）

转账支票存根

08565485

附加信息　＿＿＿＿＿＿＿＿＿＿＿＿＿

＿＿＿＿＿＿＿＿＿＿＿＿＿＿＿＿＿＿＿

＿＿＿＿＿＿＿＿＿＿＿＿＿＿＿＿＿＿＿

＿＿＿＿＿＿＿＿＿＿＿＿＿＿＿＿＿＿＿

出票日期2020年12月28日

收款人：石家庄市供电局
金　额：¥18 720.00
用　途：电费

单位主管：李鹏飞　　　　会计：王小静

水费分配计算表

2020年12月28日

车间（部门）	分配比例%	分配金额/元
生产车间		
甲产品	30	3 000.00
乙产品	30	3 000.00
车间一般耗用	10	1 000.00
销售部门	10	1 000.00
管理部门	20	2 000.00
合计	100	10 000.00

财务主管：李鹏飞　　　　　　　　复核：李鹏飞　　　　　　　　制表：王小静

电费分配计算表

2020年12月28日

车间（部门）	用量/千瓦时	单价/元	分配金额/元
生产车间		0.8	
甲产品	6 000	0.8	4 800.00
乙产品	5 000	0.8	4 000.00
车间一般耗用	3 000	0.8	2 400.00
销售部门	2 000	0.8	1 600.00
管理部门	4 000	0.8	3 200.00
合计	20 000		16 000.00

财务主管：李鹏飞　　　　　　　　复核：李鹏飞　　　　　　　　制表：王小静

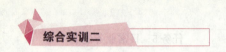

（22）12月29日，各部门领用原材料汇总。（4张领料单略）

发出材料汇总表

2020年12月29日　　　　　　　领料单01号至04号共4张

项目	A材料		B材料		包装箱		合计
	数量/千克	金额/元	数量/千克	金额/元	数量	金额/元	
生产甲产品	600	102 936.00	500	113 280.00	200	10 000.00	226 216.00
生产乙产品	400	68 624.00	300	67 968.00	200	10 000.00	146 592.00
车间一般耗用	200	34 312.00					34 312.00
销售B材料			100	22 656.00			22 656.00
小计	1 200	205 872.00	900	203 904.00	400	20 000.00	429 776.00

复核：李鹏飞　　　　　　　　　　　　　　　　　　　　制表：王小静

（23）12月30日，盘点。（两张凭证）

材料盘点报告表

材料类别：　　　　　　　　2020年12月30日　　　　　　　　仓库

材料编号	材料名称和规格	计量单位	数量		单位成本/元	盈余		亏短		盈亏原因	审批意见
			账存	实存		数量	金额	数量/件	金额/元		
	A材料	千克	50	40	171.56			10	1 715.6		

审核：李鹏飞　　　　　　　　　　　　　　　　　　　　制单：王小静

第一联

材料盘点报告表

材料类别：　　　　　　　　2020年12月30日　　　　　　　　仓库

材料编号	材料名称和规格	计量单位	数量		单位成本/元	盈余		亏短		盈亏原因	审批意见
			账存	实存		数量	金额	数量/件	金额/元		
	A材料	千克	50	40	171.56			10	1 715.6	正常损耗	

审核：李鹏飞　　　　　　　　　　　　　　　　　　　　制单：王小静

第二联

（24）12月31日，本月考勤情况：

正式人员：韩浩宇请假3天；焦明伟请假2天。

临时人员：工作天数陆阳24天、赵佳康22天、王子锡25天、管明22天、冯梦凡24天。

另因去年市场部推广产品业绩比较好，市场部经理人员增加奖励工资400元，市场部其他人员增加奖励工资300元。王小静外出培训请公假3天。生产部刘可欣由于工作业绩优秀提升为经理人员。

生成工资费用分配凭证（在工资模块中完成）。

（25）12月31日，扣缴个人所得税。（在工资模块中查询相关数据）

（26）12月31日，计提固定资产折旧并生成折旧费用分配凭证。（在固定资产模块完成）

附：帕萨特轿车本月工作量：8 000千米。

（27）12月31日，出纳签字、审核凭证、记账。

（28）12月31日，计提坏账准备，按期末应收账款余额的0.5%计提。（使用自定义转账生成凭证）（转账序号0001）

借：资产减值损失QM（1122，月，借）×0.005

贷：坏账准备QM（1122，月，借）×0.005

（29）12月31日，将本期发生的制造费用平均摊配到两种产品成本中。（使用自定义转账生成凭证）（转账序号0002）

借：生产成本——甲产品（500101）JG（ ）×0.5

——乙产品（500102）JG（ ）×0.5

贷：制造费用——材料 （510101）FS（510101，月，借）

——水电费（510102）FS（510102，月，借）

——工资 （510103）FS（510103，月，借）

——福利费（510104）FS（510104，月，借）

——折旧费（510105）FS（510105，月，借）

（30）12月31日，审核凭证、记账。

（31）12月31日，本月产品入库，结转完工产品成本，本期产品全部完工，甲、乙产品各100件。（使用对应结转生成凭证，将生产成本甲乙分别转入库存商品甲产品和乙产品）（编号0001）

借：库存商品——甲产品（140501）

——乙产品（140502）

贷：生产成本——甲产品（500101）

——乙产品（500102）

（32）12月31日，计提本月应交的城建税、教育费附加。（使用自定义转账生成凭证）

税金及附加计算表

2020年12月31日   单位：元

项目	计提基数	比例	计提金额
城市维护建设税		7%	
教育费附加		3%	
合计			

复核：李鹏飞   制表：王小静

计提城建税：转账序号0003

借：税金及附加——应交城市维护建设税（640301）JG（ ）

　　贷：应交税费——应交应交城市维护建设税（222103）QM（222101，月，贷）×0.07

计提教育费附加：转账序号0004

借：税金及附加——应交教育费附加（640302）JG（ ）

　　贷：应交税费——应交教育费附加（222104）QM（222101，月，贷）×0.03

（33）12月31日，结转产品销售成本。

产品销售成本计算单

2020年12月31日

商品名称	计量单位	销售数量	单位成本	总成本
甲产品	件	100		
乙产品	件	100		
合计		200		

财务主管：李鹏飞   制单：王小静

（34）12月31日，审核凭证、记账。

（35）12月31日，结转本月期间损益。将所有损益科目结转至"本年利润"账户中。（要求使用期间损益结转功能结转本月损益类账户，要求收入和成本费用分开结转。先结转收入再结转费用并对凭证审核、记账）

（36）12月31日，审核凭证、记账。

（37）12月31日，计算本年应交所得税。（查1至11月无纳税调整项目，先确认应交所得税再结转。要求使用自定义转账功能生成所得税凭证）（转账序号0005）

借：所得税费用QM（4103，月）×0.25

　　贷：应交税费——应交所得税（222105）JG（ ）

（38）12月31日，审核凭证、记账。

（39）12月31日，结转所得税费用。（使用自定义转账生成凭证，转账序号0006）

借：本年利润（4103）JG（　　）

　　贷：所得税费用（6801）FS（6801，月，借）

（40）12月31日，审核、记账。

（41）31日，利用对应结转功能将"本年利润"金额转入"未分配利润"账户。

（42）31日，对当年净利润按10%提取法定盈余公积。

借：利润分配——计提法定盈余公积（410401）

　　贷：盈余公积——法定盈余公积（410101）

（43）31日，结转"利润分配"下各明细账余额。

任务6　期末处理及银行对账

一、进行河北天洋有限公司的工资结账（由操作员 T01 完成）

略。

二、进行河北天洋有限公司固定资产的对账、结账（由操作员 T01 完成）

略。

三、银行对账（由操作员 T03 完成）

（一）银行对账

1. 银行对账单

12月份银行对账单

日期	结算方式	票号	收入金额/元	支出金额/元
2020.12.01	102			78 000.00
2020.12.02	101			3 700.00

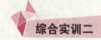

续表

日期	结算方式	票号	收入金额/元	支出金额/元
2020.12.04	102			25 000.00
2020.12.08				3 000.00
2020.12.13	102		33 900.00	
2020.12.16	101			72 000.00
2020.12.17	102			15 000.00
2020.12.20			2 600.00	
2020.12.21	102			1 800.00
2020.12.27	102		508 500.00	
2020.12.28	102			10 900.00
2020.12.28	102			18 080.00

2. 银行对账

略。

3. 编制银行存款余额调节表

略。

（二）总账对账、试算（由操作员 T01 完成）

略。

（三）总账月末结账（由操作员 T01 完成）

略。

任务7 编制报表

由操作员T01进入666账套，操作日期为2020年12月31日。

（1）启动UFO报表系统，调用报表模板，选择的行业性质是2007年新会计准则（一般企业），生成利润表和资产负债表，进行账中取数和平衡试算，并将其分别以"资产负债表"和"利润表"命名保存在D盘新建文件夹中。

（2）编制货币资金表并生成数据，以"货币资金表"命名保存在D盘新建文件夹中。

货币资金表

编制单位：　　　　　　　　　　　　　年　月　日　　　　　　　　　　单位：元

项目	行次	期初数	期末数
现金	1		
银行存款	2		
合计	3		

制表人：

实训总结

1. 通过本次实训你学会了什么？

2. 在实训过程当中遇到了哪些问题，你是如何解决的？

3. 谈谈你对"会计电算化"这门课的理解？与手工会计有什么不同？